BEI GRIN MACHT SICH IHR WISSEN BEZAHLT

- Wir veröffentlichen Ihre Hausarbeit,
  Bachelor- und Masterarbeit

- Ihr eigenes eBook und Buch -
  weltweit in allen wichtigen Shops

- Verdienen Sie an jedem Verkauf

Jetzt bei www.GRIN.com hochladen
und kostenlos publizieren

Bibliografische Information der Deutschen Nationalbibliothek:

Die Deutsche Bibliothek verzeichnet diese Publikation in der Deutschen National-
bibliografie; detaillierte bibliografische Daten sind im Internet über http://dnb.d-
nb.de/ abrufbar.

Impressum:

Copyright © 2010 GRIN Verlag, Open Publishing GmbH
Druck und Bindung: Books on Demand GmbH, Norderstedt Germany
ISBN: 9783668257917

Oskar Kratochvil

Blutgruppen und Bandwürmer im Biologieunterricht. Unterrichtsentwurf im Rahmen eines Praktikums

9. / 10. Klasse Gymnasium

GRIN Verlag

Inhaltsverzeichnis

1. Informationen zur Praktikumsschule

Das Gymnasium X liegt am Stadtrand der Stadt X, mit ca. 15.000 Einwohnern im Landkreis Y. Die Schule bietet zwei unterschiedliche Schwerpunktsetzungen an, wobei in jedem Fall mindestens zwei Fremdsprachen verpflichtend sind:

Im **sprachlichen Gymnasium** beginnen die Schüler in der 5. Klasse mit Englisch/ Latein. Ab der 6. Jahrgangsstufe folgt als zweite Fremdsprache Latein/Englisch und später als dritte Fremdsprache Französisch. Zusätzlich kann man auch als Wahlfach Russisch oder Spanisch belegen.

Auch im **naturwissenschaftlich-technologischen Gymnasium** beginnen die Schüler in der 5. Klasse mit Englisch/Latein.

Wählen die Schüler Latein als 1. Fremdsprache, belegen sie als zweite Fremdsprache im naturwissenschaftlich-technologischen Zweig Englisch, ansonsten Latein/Französisch. Statt der dritten Fremdsprache liegen später in beiden Fällen die Schwerpunkte im naturwissenschaftlich-technologischen Bereich: Physik, Chemie, Informatik.

Das Gymnasium wurde in den 60ern für 400-500 Schüler ausgelegt und zählt heute bereits über 1100 Schüler, die von ca. 60 Lehrkräften betreut werden. Deshalb wurden im Laufe der Zeit viele Anbauten vorgenommen, die sich vor allem im baulichen Stil unterscheiden. Sie beherbergen zum einen Klassenräume aber auch die Fachsäle für Chemie, Physik, Biologie, Musik und Kunst.

Das Einzugsgebiet des Gymnasiums erstreckt sich über eine sehr große Fläche des südlichen Landkreises Y. Zu den Randgebieten gehören neben A auch zum Bespiel B. Aus diesem Grund werden die Schüler nicht nur mit einer großen Anzahl an Bussen jeden Tag zur Schule gefahren sondern auch mit dem Zug.

Neben den beiden großen Zeichen- und Handarbeitsräumen, verfügt das Gymnasium ebenso über eine Vielzahl von Fachsälen für den Naturwissenschaftlichen Bereich. Für den vielen praktischen Unterricht, der angeboten wird, stehen eine Vielzahl von Präparaten, Chemikalien, Geräte, etc. zur Verfügung. Diese werden vor allem auch von Schülern der Oberstufe für die Anfertigung von Seminararbeiten und in diversen Wahlkursen genutzt.

<u>**2. Überblick über die Praktikumsstunden**</u>

	Natur und Technik	Chemie	Biologie	**Gesamt**
5. Klasse	8 Stunden	-	-	**8 Stunden**
8. Klasse	-	5 Stunden	2 Stunden	**7 Stunden**
9. Klasse	-	3 Stunden	2 Stunden	**5 Stunden**
10. Klasse	-	2 Stunden	3 Stunden	**5 Stunden**
11. Klasse	-	3 Stunden	4 Stunden	**7 Stunden**
Gesamt	**8 Stunden**	**13 Stunden**	**11 Stunden**	<u>**32 Stunden**</u>

Folgende Themengebiete wurden behandelt:

- Natur und Technik: Ernährung, Sinnesorgane, Mikroskopieren (Übungen)
- Chemie: Wertigkeiten, Atommodelle, Reaktionen und funktionelle Gruppen in der organischen Chemie
- Biologie: Insekten (Augen, Stadien), Evolutiontheorie, Blutgruppen und Blutkreislauf, Innere Organe des Menschen, Grundlagen der Genetik (Mutationen, Mitose, Meiose)

<u>**3. Gedanken im Vorfeld des Praktikums**</u>

Zunächst einmal ist anzumerken, dass es sich bei der Praktikumsschule um die Schule handelt, die ich 10 Jahre lang besucht habe und schließlich mein Abitur schrieb. Deshalb kenne ich natürlich noch einige der dort arbeitenden Lehrkräfte auch wenn sich in den vergangen Jahren ein großer Umschwung im Lehrerkollegium vollzogen hat. Aufgrund dessen betrat ich das Lehrerzimmer mit gemischten Gefühlen: Auf der einen Seite voller Vorfreude auf die Möglichkeit wieder einige Unterrichtsversuche vornehmen zu können und von den vor allem jungen Lehrkräften zu lernen und auf der anderen mit der Frage im Hinterkopf wie mich wohl die Lehrer die mich schon so lange kennen als eine Art Kollegen aufnehmen werden. Natürlich bin ich während der Schulzeit auch oft anderer Meinung gewesen als einige meiner Lehrer und war deshalb sehr gespannt und auch unsicher wie sie auf mich reagieren würden.

Als Praktikant denke ich, habe ich mich am meistens darauf gefreut nach dem Orientierungspraktikum endlich wieder die Möglichkeit zu haben vor einer Klasse zu stehen und zu unterrichten. Letztendlich ist dies meiner Meinung nach der wichtigste Aspekt dieses Praktikums, die Chance zu nutzen der späteren Lehrtätigkeit nachzugehen und schließlich entweder eine Bestätigung der Berufswahl zu erhalten oder frühzeitig zu erkennen, dass man vielleicht doch nicht der geeignetste für diesen Beruf ist. Von vielen der vor allem älteren Lehrern habe ich bereits während meines Orientierungspraktikums erfahren, dass diese während ihres Studium kaum oder gar nicht die Möglichkeit eines Praktikums an einer Schule hatten und schon gar nicht eine Klasse zu unterrichten. Sie hatten erst im Referendariat die Möglichkeit ihre Berufswahl wirklich zu überprüfen und wurden dabei aber schon von als angehende Lehrer bewertet. Deshalb freue ich mich sehr auf das Praktikum und werde versuchen so oft es geht auch verschiedene Klassen in den beiden Fächern Biologie und Chemie zu unterrichten.

Als Abiturient und Student für das Lehramt im 3. Semestern hat man sich bereits einiges an Fachwissen angeeignet, jedoch stellt man sich vor allem vor dem Unterrichten von höheren Klassen die Frage, ob man über genügend Hintergrundwissen verfügt auch den Nachfragen auch der älteren und bereits erfahreneren Schülern Stand zu halten.

Eine weitere Frage, die sich mir in Bezug auf das Unterrichten stellt ist, ob man auch die nötige Autorität gegenüber den Schülern mitbringt. Sich vor eine Klasse zu stellen und einen Vortrag zu halten ist nur die Hälfte des Jobs, es gehört aber auch dazu auf die Klasse einzugehen, zu beobachten aber auch für Disziplin zu sorgen. Gerade aus der eigenen Schulzeit kenne ich auch einige Lehrer, denen es schwer fällt in der Klasse für Ruhe zu sorgen, sich durchzusetzen und denen die Schüler permanent auf der Nase herumtanzen. Ich denke, dass dies auch sehr wichtig für einen Praktikanten ist herauszufinden welcher Typ Lehrer man vielleicht einmal wird oder mit welchen Lehrern man sich am besten identifizieren kann.

Alles in allem freue ich mich sehr auf das Praktikum, die Möglichkeit zu unterrichten, neue Lehrer kennen zu lernen, von ihnen zu lernen und hoffe in den fünf Wochen eine Bestätigung für mich zu erhalten, das ich den richtigen Beruf gewählt habe.

4. Schülerbeobachtung

Nach einigen Biologiestunden in einer 5. Klasse habe ich mich entschieden einen Schüler genauer zu beobachten. Bereits in der ersten Stunde in der betreffenden Klasse fiel er mir als ein sehr aufgeweckter Junge auf, der ein großes Interesse am Fach Biologie zeigte. Vor allem fiel er mir dadurch auf, dass er sich bereits viele Fachausdrücke merken konnte und auch beim Lösen von Problemen stets einer der ersten war.

Von seiner Lehrerin habe ich erfahren, dass seine Eltern beide studiert haben und er viel Zeit bei seiner Oma, einer Tierärztin verbringt. Meinen ersten Eindruck konnte sie mir auch bestätigen: Er sei ein sehr lebhafter Schüler der im mündlichen und praktischen Bereich sehr gute Leistungen erbringt jedoch bei schriftlichen Proben durchaus Probleme hat. Ein großes Problem bei ihm sei außerdem, dass er schnell unruhig wird wenn ihm langweilig ist und da er seine Aufgaben oft schneller lösen kann als andere kommt es häufig dazu, dass er den Unterricht stört und andere Schüler ablenkt.

In der Stunde in der meine Beobachtung erfolgt, wurde das Prinzip der Oberflächenvergrößerung anhand der Darmzotten im menschlichen Körper behandelt. Zum generellen Verhalten von G. habe bereits in meiner Einleitung einiges gesagt.

Im Biologiesaal sitzen die Schüler an Tischen jeweils zu dritt relativ nahe bei einander. Dadurch kommt es häufig zu Gesprächen zwischen den Schüler die dem Unterricht nicht immer dienlich ist. Besonders aufschlussreich finde ich die Gruppenarbeit, in der sich die Schüler das Prinzip der Oberflächenvergrößerung selber erarbeiten sollen. In der Gruppe des betroffenen Schülers fiel auf, dass er sofort die Leitung übernahm und die andern Schülern an seinen Ideen lautstark teilnehmen lies. Mit seiner gestenreichen Sprache überzeugt er schnell seine Mitschüler und versuchte anschließend auch mit den umliegenden Gruppen in Kontakt zu treten. Durch die Lehrerin wurde dies allerdings gut unterbunden, indem sie eine Zusatzarbeit für die Gruppe aufgab: Die Gruppe sollte die Oberflächenvergrößerung der Darmzotten graphisch darstellen. Während dieser Arbeit schien der Schüler wesentlich unruhiger als zuvor, was sich auch durch das Zappeln mit den Beinen und Kippeln mit dem Stuhl bemerkbar macht. Jedoch wurden die anderen Gruppen nicht weiter gestört und konnten ihre eigenen Gedanken weiterverfolgen.

Bei der anschließenden Auswertung der Ergebnisse meldet sich der Schüler bei jeder Frage um die Ergebnisse seiner Gruppe vorzustellen. Oft reagiert seine Lehrerin nicht sofort darauf und gibt erst den anderen Gruppen die Möglichkeit Unterrichtsbeiträge zu liefern. Dies halte ich für eine gute Lösung, denn so kann gewährleistet werden, dass nicht immer nur dieselben Schüler am Unterrichtsgeschehen teilnehmen und vor allem die Schwächeren, die mehr Zeit benötigen auch etwas beitragen können. Auf der anderen Seite hat aber auch G.'s Gruppe die Chance andere abschließend zu verbessern, falls die bereits vorgestellten Lösungen nicht stimmen.

Ein weiteres Problem der zügigen Arbeitsweise ist, dass er oft bereits Aufgaben erledigt, zu denen der Rest der Klasse erst später kommt. Eigentlich stellt dies kein so großes Problem dar, allerdings ist er deshalb oft abgelenkt oder beim falschen Thema und außerdem ist ihm natürlich wenn die anderen Schüler soweit sind langweilig.

Seine Schwächen werden im letzten Teil der Unterrichtsstunde sichtbar, als es darum ging die neuen Erkenntnisse aufzuschreiben. Beim Konstruieren eines Merksatzes zum Thema Oberflächenvergrößerung, arbeitet er sehr ruhig ohne Kontakt zu seinen Mitschülern herzustellen oder sich mit ihnen zu beraten. Schriftliche Aufgaben erfordern von ihm offensichtlich viel mehr Aufmerksamkeit und Konzentration. Ein Beleg dafür, sind auch seine Hausaufgaben, die er schriftlich nicht komplett bearbeitet hat, der Lehrerin allerdings während der Verbesserung die richtige Lösung nennen kann.

Generell kann man das Meldeverhalten und die Mitarbeit des Schülers als sehr Vorbildlich betrachten. Jedoch quittiert er eine nicht sofortige Beachtung der Lehrerin oft mit einer Störung des Unterrichts. Wird er nicht sofort aufgerufen, so fällt es ihm schwer seine Gedanken zunächst für sich zu behalten und versucht die umliegenden Mitschüler über seine Ergebnisse zu informieren.

Jedoch als schlimmer empfinde ich es, wenn er die Meinungen der anderen Schüler durch seine ständigen Kommentare kritisiert. Sobald die Vorstellungen der anderen nicht den seinen Entsprechen versucht er sie sofort zu verbessern oder zum Umdenken zu bewegen. Oft fällt es der Lehrerin schwer dem entgegenzuwirken, vor allem dann wenn er mit seiner Variante Recht hat. Trotzdem ist dies eine Störung des Unterrichts und gerade in der Unterstufe finde ich sollte die Lehrerin mehr auf ihn einwirken. Anstatt lediglich zu sagen: „Erst melden" oder „Du bist nicht dran" sollte sie ihm eher einmal konkret klar machen, dass er nur zu reden hat wenn er aufgerufen wurde. Denn letztendlich hatte seine Gruppe noch eine Zusatzaufgabe und er somit noch ausreichend Gelegenheit zu Reden.

Nach genauer Betrachtung aller Fakten komme ich zu dem Entschluss, dass der Schüler leicht unterfordert ist mit dem Unterricht. Dies wird durch das schnelle Bearbeiten von Aufgaben und die bereits angeeignete Fachsprache, diese wurde in der Stunde zuvor beim Benennen von Verdauungsenzymen und Nahrungsbestandteilen sichtbar, deutlich. Ich finde es gerade für ihn aber auch die anderen Schüler in der Klasse wichtig den Schüler klare Verhaltensregeln im Unterricht aufzuzeigen, nicht nur um andere Schüler anzuregen selber über Probleme nachzudenken, sondern auch um sie vor seiner Kritik zu schützen und einen ordentlichen Unterrichtsverlauf zu garantieren.

Außerdem sollte sein Lehrer, vor allem auch beim selbstständigen Arbeiten am besten Ausweichaufgaben bereithalten.

Wichtig finde ich aber auch zusammen mit dem Schüler an seinen schriftlichen Schwächen zu arbeiten, da letztendlich die Zeugnisnote hauptsächlich über schriftliche Noten bestimmt wird. Natürlich ist eine individuelle Förderung von einem Schüler bei einer Klassengröße von 28 Schülern nicht sehr einfach, weshalb dies am besten nicht nur durch einen Lehrer sondern Unterrichtsübergreifen geschehen sollte.

5. Protokoll zweier hospitierter Unterrichtsstunden

5. Jahrgangsstufe im Fach Biologie

Thema: Nahrungsbestandteile

Einbettung in den Unterricht:

- Aufbau der Zähne
- **Nahrungsbestandteile**
- Verdauungstrakt

Lehrplanbezug:

NT 5.2.2 Der Körper des Menschen und seine Gesunderhaltung

- Stoffaufnahme für Wachstum und Energieversorgung des Körpers
    - Nahrungsbestandteile und ihre Bedeutung; ausgewogene Ernährung
    - Verdauungsorgane und Verdauungsvorgänge

Zielformulierung:

Grobziel:

Die Schüler sollen die einzelnen Nahrungsbestandteile, ihre Zerlegung sowie die Aufgaben im menschlichen Körper erklären können.

Feinziele:

Die Schüler sollen

- Die Bestanteile der Nahrung und ihre Funktion ohne Hilfsmittel vollständig wiedergeben können
- Die Zerlegung der Nahrungsbestandteile ohne Zuhilfenahme des Arbeitsblattes beschreiben können
- Erkennen, das Enzyme Nahrungsbestandteile zerlegen und somit einer Art „chemische Schere" entsprechen

<u>Unterrichtsverlauf:</u>

Unterrichtsphase	Beobachtung
Vorab: Wiederholung der letzten Stunde zum Thema Aufbau der Zähne	Lehrerin kontrolliert stichprobenartig ob Arbeitsblätter eingeklebt sind; ein Schüler soll einen Zahn an die Tafel zeichnen und den Aufbau erklären
Einstieg: Wozu benötigen wir unsere Zähne? Warum muss die Nahrung zerkleinert werden?	Im Prinzip möchte die Lehrerin darauf hinaus, dass die Nahrung in winzig kleine Teilchen zerlegt werden muss, die ins Blut aufgenommen werden könne. Während die erste Frage noch von allen Schülern beantwortet werden kann lässt das Meldeverhalten bei der zweiten Frage nach. Auf die Antwort: damit sie wieder ausgeschieden werden kann, reagiert die Lehrerin, als hätte sie dies bereits erwartet. Außerdem verdeutlicht sie damit das „weniger rauskommt als reingeht" und bringt schließlich damit die Schüler darauf, dass der Körper Nahrungsbestandteile in das Blut aufnimmt.
Erarbeitung: Welche Stoffe nimmt unser Körper aus?	An der Tafel sammelt die Lehrerin die vorgeschlagenen Stoffe. Durch das Brainstorming sollen die Schüler einen Überblick bekommen aus was unsere Nahrung besteht und natürlich auf die zwei Stoffklassen Nährstoffe und sonstige Nahrungsbestandteile hinleiten. Zu den Vorschlägen zählen: Eiweiß, Vitamine, Mineralstoffe, Fett, Ballaststoffe, Zucker, Gewürze Auf das lebenswichtige Wasser kommen die Schüler erst als die Lehrerin den Hinweis gibt, dass von diesem Stoff vor allem im Sommer viel aufgenommen werden muss.
Sicherung: Mittels Tabelle als Hefteintrag.	Zur Sicherung der wichtigen Nahrungsbestandteile und um deren Aufgaben im Körper zu diskutieren und festzuhalten legen die Schüler eine Tabelle im Heft an. Das Tafelbild liegt dem Protokoll bei: Anlage 1.1
Erarbeitung und Sicherung: Welche Funktion haben die aufgelisteten Bestandteile?	Nachdem die Stoffe in die Tabelle eingetragen wurden, müssen noch deren Aufgaben im menschlichen Körper zugeordnet werden. Das eindeutigste ist dem Meldeverhalten nach, dass die Vitamine für das Immunsystem benötigt werden, also für die Körperabwehr. Vor allem bei den Proteinen, fällt es den Schülern schwer passende Aufgaben zu finden. Außerdem erkennt man durch die geringe Anzahl an Meldungen, dass die Schülern mit den verschiedenen Nahrungsbestandteilen noch nichts zu tun hatten. Die Ergebnisse werden ebenfalls in das Tafelbild eingetragen: Anlage 1.2
Problemfindung und Erarbeitung/Vertiefung: In welcher Form werden Nahrungsbestandteile aufgenommen?	Um den Schülern zu zeigen, dass die Nahrung nicht nur mechanisch zerkleinert werden muss, sondern auch durch Enzyme („chemische Scheren"), schauen wir einen kurzen Film zur Aufnahme von Glucose bis in die Körperzellen. Der Film dauert ca. 3 Minuten (Ernährung und Verdauung des Menschen, Verlag Gida). Durch den Einsatz des Films bekommen die Schüler mögliche Vorstellung von Stärkemolekülen als eine Kette von Sechsecken. Gerade in der 5. Klasse finde ich es sehr wichtig, dass man den Schülern eine bildliche Vorstellung vermittelt, da ihnen die Selbsterarbeitung gerade von Teilchen die man nicht sieht und über die sie noch nichts lernen mussten, meist sehr schwer fällt. Anhand der Aufnahme von kleinen Molekülen im Darm erkennen die Schüler, dass die Stoffe zerlegt werden müssen und lernen durch das Zerschneiden der Glucose-Kette ein einfaches Modell wir Enzyme arbeiten.
Stundenabschluss: Hausaufgabe und Ausblick	Die Schüler erhalten die Hausaufgabe bis zur nächsten Stunde eine Tabelle zu erstellen (4x4) in die sie die Zerlegung der drei Nährstoffe mit Hilfe des Buchs eintragen sollen. Die Lehrerin gibt außerdem den Ausblick, dass in der nächsten Stunde genauer auf die Zerlegung der Nahrung und vor allem auch die Stationen der einzelnen Bestandteile im Körper behandelt werden. Außerdem weist die Lehrerin darauf hin, dass es sich bei der Tabelle der Nahrungsbestandteile um Grundwissen handelt und dieses jederzeit abgefragt werden kann.

Durch das Brainstorming haben die Schüler die Möglichkeit ihr Wissen zum Thema Nahrung in den Unterricht einfließen zu lassen. Außerdem erhalten sie nach fünf Stunden Schule die Möglichkeit einmal durchzuatmen. Nach dieser Einheit finde ich, dass der Unterricht wesentlich ruhiger verläuft und es den Schülern leichter fällt sich zu konzentrieren.

Gerade in der fünften Klasse finde ich es sehr wichtig, dass die Schüler nicht mit zu vielen Fachbegriffen konfrontiert werden. Dies ist der Lehrerin zum Beispiel durch den Begriff „chemische Schere" gut gelungen, da sich die Kinder Scheren und ihren Nutzen bereits kennen.

Um den langsameren Schülern beim Abschreiben der Tabelle mehr Zeit zu geben, erteilt die Lehrerin den Auftrag über die Funktionen der Nahrungsbestandteile nachzudenken. Da in der beobachteten Klasse zwei Schüler unter Lese- und Rechtsschreibschwäche leiden finde ich dies eine gute Lösung. Außerdem gibt die Lehrerin vor dem Anschreiben der Tabelle an die Tafeln den Schülern bereits die Anzahl der Spalten und Zeilen vor, da die Schüler in der fünften Klasse noch nicht selbstständig an den benötigten Platz denken.

<u>5. Jahrgangsstufe im Fach Biologie</u>
<u>Thema</u>: Bestandteile und Aufgaben des Blutes
<u>Einbettung in den Unterricht:</u>

- Berechnung der Blutmenge
- **Blutbestandteile des Blutes und Aufgaben**
- Blutkreislauf

<u>Lehrplanbezug:</u>
NT 5.2.2 Der Körper des Menschen und seine Gesunderhaltung

- Stofftransport durch das Herz-Kreislauf-System
  - o Zusammensetzung und Aufgaben des Blutes; Reinigung durch die Niere
  - o Bau und Funktion des Herzens; Blutkreislauf

<u>Zielformulierung:</u>

Grobziel:

Die Schüler sollen die Zusammensetzung und Aufgaben des Blutes beschreiben können.

Feinziele:

Die Schüler sollen

- Die Bestanteile des Blutes und ihre Funktion ohne Hilfsmittel vollständig wiedergeben können
- Die Bedeutung des Blutes für den menschlichen Körper anhand der Aufgaben des Blutes erfassen können

<u>Unterrichtsverlauf:</u>

Unterrichtsphase	Beobachtung
Vorab / Hinführung: Der Lehrer gab den Schüler in der vorigen Stunde die Hausaufgabe eine Formel zur Berechnung des Blutvolumens zu suchen.	Der Lehrer bittet einen Schüler an die Tafel um seine gefundene Formal anzuschreiben: Blutmenge = 75ml * Körpergewicht Daraufhin bittet der Lehrer den Schüler es für sein Gewicht auszurechnen. Der Schüler gibt an er wiege ca. 30kg. Blutmenge = 75ml * 35kg = 2,625 Liter Anschließend frägt der Lehrer in die Runde wie viel Blut man wohl spenden kann bzw. Blutverlust gefährlich ist. Hefteintrag: Ein Mensch kann ca. 10% seines Blutes spenden. Im Fall des Schülers: 2,625 Liter * 10% = 262,5ml Ein Blutverlust von ca. 30% wird für einen Menschen gefährlich. Im Fall des Schülers: 2,625 Liter * 30% = 787,5ml
Hinführung / Problemstellung: Experiment – Blutbestandteile setzen sich in einem Röhrchen ab	Der Lehrer zeigt den Schülern ein Röhrchen mit Blut, in dem sich offensichtlich einige Teilchen abgesetzt haben. Dadurch verdeutlicht er, dass unser Blut aus verschiedenen Teilen besteht. Bei dem Experiment weißt der Lehrer die Schüler darauf hin, dass sie das Röhrchen nicht anfassen sollen sondern er damit zu jedem Schüler kommt, damit sie es anschauen können.
Problemlösung: Warum setzen sich einige Teilchen ab.	Die Schüler kommen schnell auf die Lösung, dass wohl einige Teilchen schwerer sein müssen als andere. Nach der Frage, warum dies wohl so ist, dauert es einige Zeit bis die Schüler schließlich herausfinde, dass es flüssige und feste Bestandteile geben muss.
Sicherung: Mittels Skizze und Tabelle im Heft.	Zur Sicherung der bisherigen Unterrichtsergebnisse finde ich es sehr gut, dass der Lehrer ein anschauliches Tafelbild mit Skizze erstellt. Die Schüler nehmen ihr Heft im Querformat und haben durch das Bild die Möglichkeit sich Zuhause besser an den Versuch erinnern zu können und durch die abgesetzten Teilchen nicht die Trennung zwischen festen und flüssigen Bestandteilen zu vergessen. Das Tafelbild liegt dem Protokoll bei: Anlage 2.1
Erarbeitung und Sicherung: Welche Aufgaben haben die Blutbestandteile?	Nachdem die bisherigen Ergebnisse festgehalten wurden, fragt der Lehrer welche Aufgaben die einzelnen Bestandteile des Blutes wohl haben könnten? Das Meldeverhalten nimmt nach der ersten Antwort, der Blutgerinnung stark ab. Deshalb gibt der Lehrer folgende Hilfestellung: Warum laufen denn Adern durch unseren ganzen Körper? Als weiteres Ergebnis nennen die Schüler Transportfunktion. Das Tafelbild liegt dem Protokoll bei: Anlage 2.2

Vertiefung: Wiederho-lung des erarbeiteten Stoff mit dem Film: „Blut - der ganz beson-dere Saft"	Der Lehrer erteilt den Schülern den Auftrag während des Films gut aufzupas-sen, damit sie Zuhause nicht mehr so viel lernen müssen und ob Bestandteile oder Aufgaben vergessen wurden. Einige Schüler melden sich direkt nach dem Film, da ihnen aufgefallen ist, dass die Abfallstoffe bei den Blutbestandteilen vergessen wurde
Stundenabschluss: Ausblick	Zum Abschluss der Stunde gibt der Lehrer den Ausblick, dass in der nächsten Stunde der Blutkreislauf das Thema sein wird. Außerdem fügt er an, dass in den nächsten Stunden eine Stehgreifaufgabe anstehe.

Sehr gut in dieser Stunde fand ich, dass der Lehrer die gesammelten Ergebnisse mit einem Film gesichert hat. Erfreulich war zu sehen, dass sich einige Schüler nach dem Film direkt gemeldet haben um auf die vergessenen Abfallstoffe hinzuweisen. Damit erkennt man, dass die Schüler während des Films gut aufgepasst haben.

Als der Lehrer zu Beginn der Stunde mit dem Blutröhrchen herum ging, bemerkte eine Schü-ler: „Wir würden es schon nicht kaputt machen". Der Lehre erklärte daraufhin den Schüler, dass er als Lehrer jeglichen Kontakt von menschlichem Blut mit Schülern zu vermeiden hat. Er nannte als Gründe dafür die mögliche Ansteckung mit HIV oder anderen Krankheiten. Ich fand es sehr wichtig, dass den Schülern erklärt wird, warum sie manche Dinge eben nicht an-fassen dürfen und gerade diese Thema gehört z.T. auch zur Prävention im Alltag, nämlich keinen Kontakt mit fremdem Blut zu bekommen, da man nie wissen kann ob es gefährlich ist.

<u>**6. Protokoll zweier selbst gehaltener Stunden**</u>

<u>Klasse:</u> 10. Jahrgangsstufe

<u>Thema:</u> Bandwürmer

<u>Einbettung in den Unterricht:</u>

- Mykorrhiza – eine Form der Symbiose
- Zecken – ein Beispiel für Ektoparasitismus
- **Bandwürmer – Vertreter der Endoparasiten**
- Ökologische Nische

<u>Lehrplanbezug:</u>

B 10.3. Grundlegende Wechselbeziehungen zwischen Lebewesen

- Beziehungen zwischen Lebewesen
    - Fressfeind-Beute-Beziehung
    - Symbiose: Formen und Anpassungen
    - Parasitismus: Formen und Anpassungen
    - Saprophytismus: Bakterien und Pilze
    - Konkurrenz und Konkurrenzvermeidung: Ökologische Nische

<u>Zielformulierung:</u>

Grobziel:

Die Schüler sollen den Körperbau der Bandwürmer und ihre Lebensweise kennen lernen.

Feinziele:

Die Schüler sollen

- Verstehen, dass der Bandwurm körperlich an die Lebensweise als Endoparasit angepasst ist
- Die Form des Endoparasitismus kennenlernen
- Den Generationen- und Wirtswechsel des Rinder- und Fuchsbandwurm ohne Hilfsmittel erklären können
- Die Vorteile des Wirtswechsels verstehen

	Inhalte / Lehrer- Schüler- Interaktion	Medien / Material	Lernziele	Zeit in Min
Einstieg / Hinführung / Motivation	Die Schüler sollen sich Lebensweise der Zecken in Erinnerung rufen und den Begriff Ektoparasitismus erklären. L (Überleitung): Wer kann erklären was wohl ein Endoparasit ist?		Prinzip des Endoparasitismus	4
Problemfindung	L: Thematisierung der Unterrichtsstunde – Bandwürmer L: Wie können Bandwürmer im Körper des Wirts überleben? Die Schüler sollen erkennen, dass wie bei Endoparasiten gewissen Anpassungen an ihren Lebensraum notwendig sind		Körperliche Anpassungen sind nötig	2
Erarbeitung / Problemlösung	Die Schüler sollen sich in kleinen Gruppen, die durch die Sitzreihen mit jeweils vier Schülern vorgegeben sind, mit Hilfe des Textes auf der Folie den Körperbau erschließen. Außerdem sollen die Schüler bereits aus dem Text die Grundlagen der Fortpflanzung der Bandwürmer schließen.	Folie zum Körperbau	Körperbau des Bandwurms	3
Sicherung / Festigung	Nachdem die Schüler den Text zum Körperbau gelesen haben, sollen die Ergebnisse auf dem entsprechen Arbeitsblatt festgehalten werden. Verbesserung zusammen mit Folie	Arbeitsblatt zum Körperbau	Körperbau des Bandwurms	3
Problemfindung	L: Die einzelnen Segmente des Bandwurms enthalten sowohl männliche als auch weibliche Geschlechtsmerkmale und Befruchten sich selber. Welche Probleme könnten sich daraus ergeben? S: Inzucht		Fortpflanzung des Bandwurms	2
Erarbeitung / Problemlösung	Die Schüler sollen mögliche Mechanismen zur Verhinderung der Selbstbefruchtung entwerfen.		Fortpflanzung des Bandwurms	2
Problemfindung	L: Ist euch beim Bau des Kopfes etwas aufgefallen? S: keine Mundöffnung		Nahrungsaufnahme des Bandwurms	2
Erarbeitung / Problemlösung	Die Schüler sollen mögliche Mechanismen zur Nahrungsaufnahme entwerfen.		Nahrungsaufnahme des Bandwurms	2
Sicherung / Festigung	Sicherung der bisherigen Ergebnisse	Hefteintrag	Körperbau und Lebensweise des Bandwurms	5
Erarbeitung	L: Schauen wir uns die Lebensweise zweier Bandwürmer an. Beschreibt zunächst den Generationenwechsel der einzelnen Bandwürmer und nennt anschließend Unterschiede oder Gemeinsamkeiten	Folie	Generationenwechsel	7
Sicherung und Kontrolle	Zusammenfassen der Ergebnisse in einer Tabelle ohne dabei die Folie zu zeigen.	Hefteintrag	Generationenwechsel	5
Problemfindung	L: Wieso legen die Würmer nicht bereits im ersten Wurm ihre Eier? Der Wirtswechsel hat Vorteile.		Vorteile des Wirtswechsels	2
Erarbeitung und Sicherung	Die Schüler tragen ihre Ideen zusammen und nehmen sie mit in den Hefteintrag auf	Hefteintrag	Vorteile des Wirtswechsels	3
Vertiefung	L: Welcher Bandwurm ist für den Menschen gefährlicher? Warum stirbt der Rinderbandwurm aus?	Folie		3

Generell muss ich sagen, dass die Stunde sehr gut verlaufen ist. Die Klasse zeigt ein sehr großes Interesse am Fach Biologie und fällt durch einen großen Ideenreichtum auf. Die Fragen zum Abschluss der Stunde zeigen, dass die Schüler den Stoff auch verstanden haben und haben mir die Möglichkeit gegeben, dies zu kontrollieren. Während der Stunde ist mir fachlich, wie ich hinterher durch den anwesenden Lehrer erfahren habe, ein Fehler unterlaufen: Der Fuchsbandwurm wählt den Menschen nicht als Zwischenwirt sondern ist er eher ein Fehlwirt.

Mein positiver Eindruck des Stundenverlauf wurde in der anschließen Besprechung mit der betreuenden Lehrkraft bestätigt. Er bemängelte allerdings, dass ich nach einer Fragestellung etwas länger warten solle, bis ich einen Schüler aufrufen und mich außerdem trauen solle Schüler aufzurufen, die sich nicht gemeldet haben. Somit soll ich sicherstellen, dass mehr Schüler aktiv am Unterricht beteiligt sind.

Sachanalyse:

Die Bandwürmer gehören zur Klasse der Plattwürmer von denen heute etwa 3500 Arten bekannt sind. Vor allem zeichnen sie sich durch ihre hohe Anpassungsfähigkeit an ihre Lebensweise als Endoparasiten aus.

Ihre äußere Anatomie ist deshalb stark an das Leben im Darm angepasst. So verfügen sie über Halterorgane, die im Normalfall am Vorderende als Hankenkränze oder Saugnäpfe ausgebildet sind, dem so genannten Scolex. Zum Schutz vor Verdauung durch den Wirt besitzen sie eine Außenhülle aus verschmolzenen Zellen, die als Neodermis bezeichnet wird. Sie verändert den pH-Wert des Tieres und hemmt damit die Enzymaktivität. Außerdem ist sie besonders dick ausgebildet und besitzt einen Saum aus Mikrovilli, die der Oberflächenvergrößerung dienen und die Nahrungsaufnahme über die Haut effektiver gestalten. Aufgrund dieser Art der Nahrungsaufnahme besitzen sie auch keine Mundöffnung oder Verdauungstrakt, da die Nahrung durch den Wirt bereits vorverdaut ist.

Zur inneren Anatomie ist neben ihrer Zwittrigkeit das Exkretionsorgan zu erwähnen. Sie verfügen über eines der einfachsten Ausscheidungsorgane, die Protonephridien. Diese sind paarige, oft stark verzweigte Kanäle, die durch Exkretionsporen nach außen führen. Sie beginnen im Parenchym mit einer keulenförmigen Exkretionszelle, der Terminalzelle, von der in das Kanallumen eine in dauernder Bewegung befindliche Wimpernflamme hineinragt. Sie treibt das Wasser in Richtung des Kanalausganges und erzeugt so einen Unterdruck. Die Protonephridien entstehen aus röhrenförmigen Einstülpungen der Epidermis. Die Filtration erfolgt über unterschiedlich gestaltete Reusensysteme. Wie bereits erwähnt handelt es sich bei den Bandwürmern um Zwitter. Sie besitzen in jedem einzelnen ihrer Körpersegmente, der Proglottis, sowohl männliche als auch weibliche Geschlechtsorgane. Um eine Selbstbefruchtung zu verhindern reifen zunächst die männlichen Geschlechtsorgane heran. Sind die Samen bereit, befruchten sie die weiter hinten gelegenen Segmente in denen die Eizellen lagern. Am Ende des Wurms befinden sich dann ausschließlich Segmente mit Eiern, die nach und nach abgeschnürt werden und vom Wirt ausgeschieden werden sollen.

Die Eier des Bandwurms warten nach dem Ausscheiden, bis sie von einem geeigneten Zwischenwirt aufgenommen werden. Dort bilden die Larven Zysten, die sich im Falle des Fuchsbandwurms asexuell Vermehren und inaktiv bleiben bis sie durch Fraß in den Darm des Endwirts gelangen und sich aus den Dauerstadien adulte Würmer entwickeln. Im Falle des Rinderbandwurms bilden sich statt der Zysten die so genannten Finnen, die sich nicht vermehren.

Der Wirtswechsel bringt den Würmern einige Vorteile wie zum Beispiel stärkeres Wachstum in einem größeren Wirt, raschere und weitere Verbreitung oder eine insgesamt längere Lebensdauer.

<u>Didaktische Reduktion:</u>

Bei der äußeren Anatomie ist es wichtig, dass die Schüler auf die Anpassungen an den Endoparasitismus hingewiesen werden. Allerdings lässt sich dies nicht bis ins letzte Detail mit allen Fachbegriffen durchziehen. So habe ich zwar die Nährstoffaufnahme über die Haut des Bandwurms angesprochen und den damit verbundenen Schutz gegen die Verdauungsenzyme aber nicht den genauen Aufbau der Neodermis mit ihren Mikrovilli, der Oberflächenvergrößerung oder der Veränderung des pH-Werts.

Bei der inneren Anatomie sollte auf jeden Fall auf die Zwittrigkeit eingegangen werden und das durch die unterschiedliche Reifung eine Selbstbefruchtung verhindert wird. Wie allerding die männlichen oder weiblichen Geschlechtsorgane genau aufgebaut sind, ist aber zur Vermittlung des Prinzips unnötig. Außerdem ist es in einer dreiviertel Stunde nicht möglich ein neues Ausscheidungssystem anzusprechen und so habe ich außerdem die Protonephridien nicht behandelt.

Der Wirtswechsel bzw. Generationenwechsel stellt meines Erachtens das zentrale Thema für die Unterrichtsstunde dar. So habe ich versucht den Schülern mittels graphischer Darstellung das Prinzip zu verdeutlichen. Hierbei behandle ich zwei unterschiedliche Generationenwechsel, nämlich des Fuchs- und Rinderbandwurms.

<u>Klasse:</u> 9. Jahrgangsstufe

<u>Thema:</u> Blutgruppen

<u>Einbettung in den Unterricht:</u>

- Das ABO-System
- **Der Rhesusfaktor**
- Organtransplantation

<u>Lehrplanbezug:</u>

B 9.4. Immunsystem und Abwehr von Krankheitserregern

- Erkennung und Bekämpfung körperfremder Stoffe, Antigen und Antikörper

<u>Zielformulierung:</u>

Grobziel:

Die Schüler sollen das Prinzip des Rhesusfaktors als weitere Blutgruppe verstehen.

Feinziele:

Die Schüler sollen

- Das Prinzip von Antikörper und Antigen verstehen
- Das Schlüssel-Schloss-Prinzip erkennen
- Die Schwangerschaftsproblematik bei Rhesus-negativen Müttern verstehen
- Lernen, dass der Umgang mit Blut Gefahren birgt

	Inhalte / Lehrer- Schüler- Interaktion	Medien / Material	Lernziele	Zeit in Min
Einstieg / Hinführung / Motivation	Die Schüler sollen sich durch Wiederholung des Landsteiner-Experiments das Prinzip des ABO-Systems in Erinnerung rufen. Außerdem hatten die Schüler die Hausaufgabe die Begriffe Erythrozyten-Universalspender und Serum-Universalempfänger definieren und Blutgruppen zuordnen.	Hefteintrag bzw. Verbesserung der Hausaufgabe		7
Problemfindung	L: Es gibt neben dem ABO-System noch weiter Blutgruppensysteme. Welche kennt ihr noch?		Es gibt viele verschieden Blutgruppensysteme	2
Erarbeitung / Problemlösung	Mit Hilfe des Textes sollen sich die Schüler die Besonderheit beim Rhesussystem erarbeiten. Hier werden die Antikörper eine Rhesus-negativem Menschen erst nach Kontakt mit Blut eines Rhesus-positivem Menschen gebildet	Folie	Der Rhesusfaktor hat ein ähnliches Prinzip wie das ABO-System Antikörper – Antigen Schlüssel-Schloss-Prinzip	6
Sicherung	Mit einem Hefteintrag werden die bisherigen Ergebnisse festgehalten	Hefteintrag	Rhesusfaktor	5
Problemfindung	L: Es gibt eine so genannte gefährliche Rhesuskombination bei Schwangerschaften. Was könnte das bedeuten?		Schwangerschaftsproblematik	4
Erarbeitung / Problemlösung	Mit Hilfe des Textes und der Grafik sollen die Schüler sich das Prinzip der angesprochenen Problematik erarbeiten.	Arbeitsblatt	Schwangerschaftsproblematik	7
Sicherung	Mit einem Hefteintrag werden die aus dem Text zusammengetragenen Ergebnisse festgehalten	Hefteintrag	Schwangerschaftsproblematik	4
Vertiefung	Demonstration eines Schnelltests zur Blutgruppenbestimmung: In einem Schnelltest mische ich von mir selbst abgenommenes Blut mit einer Antikörper-Lösung. Daraufhin kommt es zu einer Verklumpung mit den Antikörpern-B. Die Schüler sollen daraus meine Blutgruppe ableiten und begründen.	Folie	Blutgruppensystem	10

Bereits bei der Wiederholung des Stoffes der letzten Stunde musste ich beim Aufrufen eines Mädchens feststellen, dass sie das Prinzip nicht verstanden hat, da sie in der letzten Stunde nicht da war. Im Laufe der Stunde habe ich versucht sie in den Unterricht einzubeziehen, wobei sie mir stets den Eindruck gab, dass sie keine Lust hat den Stoff zu verstehen. Nach einem erneuten Versuch ihr das Verklumpen des Blutes beim Mischen von Antigen und Antikörper zu erklären musste ich meine Bemühungen leider abbrechen. Die anderen Schüler begannen bereits unruhig zu werden und deshalb beschloss ich sie zu bitten nach der Stunde zu mir zu kommen.

Außerdem konnte ich feststellen, dass die Leute den Stoff leichter zu lernen schienen, die eine richtige Hausaufgabe hatten bzw. sie überhaupt bearbeitet haben. Da die Lehrerin in den vergangen Stunden nichtgemachte Hausaufgaben tolerierte, beschloss ich ebenso zu verfahren.

Die Stunde verlief sehr positiv und schließlich konnte ich mit dem Experiment am Ende der Stunde feststellen, dass der Großteil der Klasse den Stoff verstanden hat und rasch wiedergeben kann.

<u>**7. Reflexion über das Praktikum**</u>

In Bezug auf die Erziehungsmaßnahmen an einem Gymnasium fiel mir folgendes auf: Zum einen konnte ich beobachten, dass die Teamarbeit der Schüler durch den Einsatz von Gruppenarbeiten zu den unterschiedlichsten Themen und auch auf unterschiedliche Art (Versuche in Natur und Technik, Bearbeiten von Arbeitsaufträgen zu Texten und Abbildungen des Schulbuches, usw.) gefördert wurde. Des Weiteren konnte ich den Einsatz von Einzelarbeit beobachten, was die Selbstständigkeit der Schüler schulen soll.

Zum anderen legten die Lehrkräfte auch viel Wert auf bestimmte Umgangsformen. So fand zu Beginn der jeweiligen Unterrichtsstunden immer eine Begrüßung statt und Schüler, die sich verspätet hatten, mussten sich bei der Lehrkraft entschuldigen.

Auch im Lehrerkollegium konnte ich feststellen, dass bestimmte Umgangsformen herrschen, wodurch ein sehr angenehmes Klima entstand. Auch gegenüber den verschiedenen Praktikanten und Praktikantinnen war das Kollegium sehr aufgeschlossen und wir konnten auch stets auf freundliche Unterstützung seitens der Lehrer bezüglich der Unterrichtsvorbereitung oder allgemeiner Fragen zählen. In diesem Zusammenhang konnte ich auch die herrschende Teamarbeit unter den Lehrkräften beobachten. So fanden mehrere Diskussionen über eine 5. Klasse statt, bei denen während der Zeit meines Blockpraktikums Probleme in Bezug auf die Konzentrationsfähigkeit und Lernbereitschaft auftraten.

Meine Erwartungen an das Blockpraktikum wurden weitgehend erfüllt, was folgende Punkte zeigen:

Neben der Beobachtung der unterschiedlichen Lehrkräfte und deren Unterrichtsstile und -methoden, konnte ich auch einen guten Einblick in die weiteren Aufgabengebiete eines Lehrers gewinnen. So fand jeden Montag in der ersten Pause eine kleinere Besprechung im Lehrerzimmer statt, bei der die wichtigsten Ankündigungen (Ter-mine für Konferenzen, Veränderungen im Kollegium, usw.) bekannt gegeben wurden und im Verlauf dieser Besprechung durfte jede Lehrkraft auf neue Besonderheiten hinweisen. Allerdings diente diese Besprechung aufgrund der begrenzten Zeit wirklich nur als kurze Information. Weiterhin konnte ich durch mehrere Gespräche mit dem Betreuer der Chemiesammlung Einblick in dieses Aufgabenfeld bekommen. Diese Lehrkraft hatte diese Aufgabe erst im September angenommen und durch eine längere Erkrankung des Vorgängers war es für diesen Lehrer anfangs erschwert, sich einzuarbeiten. Deswegen war diese Aufgabe seiner Aussage nach anfangs sehr zeitaufwändig, was sich aber mittlerweile wieder gebessert hatte. Durch die Erklärungen des Lehrers, was die Betreuung der Chemiesammlung mit sich bringt (Bestellen von Chemikalien, Überprüfen der einzelnen Gerätschaften, usw.), kann ich mir nun sehr gut vorstellen, welche zusätzliche Belastung dies aufweist. Jedoch kann ich auch sehr gut nachvollziehen, welchen Anreiz die Übernahme einer solchen Aufgabe darstellt. Zudem wurden noch weitere organisatorische Aufgaben, wie Sprechstunden, Pausenaufsichten oder die Teilnahme an Konferenzen, fällig. Dadurch wurde mir deutlich, dass dieser Beruf zeitaufwändiger ist, als man anfänglich annehmen kann. Auch wird im Falle von Sprechstunden der Umgang mit den Eltern der Schüler gefordert. Derartige Gespräche können natürlich für beide Seiten unangenehm sein, sind aber durchaus nötig, weil dabei das Wohl des Schülers im Mittelpunkt steht.

Durch meine Beobachtungen in diesen fünf Wochen wurde ich in meiner Wahl, den Beruf einer Lehrkraft an einem Gymnasium zu ergreifen, bestärkt. Die Vorbereitung der Unterrichtstunden, das Halten der Unterrichtsstunden und der Umgang mit den Schülern der verschiedenen Jahrgangsstufen haben mir großen Spaß gemacht. Ich denke außerdem, dass ich mich nur schwer aus der Ruhe bringen lasse und keine größeren Probleme bei der Organisation dieses Berufs habe. Ich sehe lediglich kleinere Bedenken dabei, den Bedürfnissen aller Schüler möglichst gerecht zu werden, da es sich um junge Menschen mit unterschiedlichen Neigungen und Interessen handelt.

<u>**Anhang**</u>

Anhang 1.1

23.3.2011   Die Nahrungsbestandteile und ihre Aufgaben

Nahrungsbestandteil	Aufgabe im Körper
Kohlehydrate	
Fette	
Eiweiße	
Vitamine	
Mineralstoffe	
Wasser	
Ballaststoffe	

Anhang 1.2

23.3.2011   Die Nahrungsbestandteile und ihre Aufgaben

Nahrungsbestandteil	Aufgabe im Körper
Kohlehydrate	Energieträger
Fette	Energiespeicher
Eiweiße	Aufbaustoffe für Muskeln, Zellen, Knochen, ...
Vitamine	Unterstützen Knochenaufbau, Körperabwehr, Zahnaufbau
Mineralstoffe	Sorgen für Nachrichtenübermittlung im Körper
Wasser	Transportfunktion, Lösungsfunktion
Ballaststoffe	Sorgen für ein Sättigungsgefühl

Die wichtigsten Stoffe zur Lebenserhaltung: Kohlehydrate, Fette, Eiweiße müssen im Körper in kleinere Teile zerlegt werden. Man nennt sie <u>Nährstoffe</u>

Anhang 2.1

Anhang 2.2

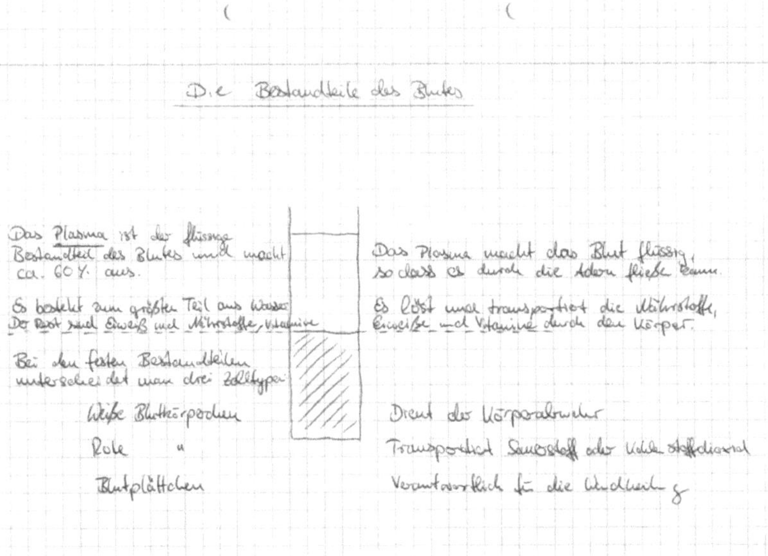

Anhang 3.1

siehe: www.lebendiger-unterricht.de/images/PDF/BI-AB-Bandwurm.pdf

Anhang 3.2

<u>Hefteintrag:</u> Bandwürmer gehören zum Stamm der Plattwürmer. Sie sind als Endoparasiten an das Leben Darm angepasst und verfügen sowohl über männliche als auch über weibliche Geschlechtsorgane. Sie sind also Zwitter.

<u>Zwischenfrage:</u> Wem ist beim Bau des Kopfes etwas aufgefallen? -> kein Mund => keine Verdauungssystem, kein Kreislaufsystem. Aufnahmen der Nährstoffe über die Haut, deshalb erfolgt Verteilung automatisch.

<u>Weiter im Heft:</u> Um im Darm zu überleben, nimmt der Bandwurm Nährstoffe aus dem Nahrungsbrei direkt über die Haut auf. Er besitzt also kein Verdauungs- oder Kreislaufsystem.

Anhang 3.3

	Zwischenwirt	Dauerstadium	Endwirt	Aussehen
Fuchsbandwurm	Maus, Mensch	Zyste im Muskel	Fuchs	Wenige Millimeter
Rinderbandwurm	Rind	Finne in der Leber	Mensch	4-10 Meter

Vorteile des Wirtswechsels:
→ Stirbt nicht mit dem Zwischenwirt
→ Stärkeres Wachstum im größeren Wirt
→ Höhere Eiproduktion
→ Schnellere Verbreitung

Anhang 4.1

> <u>Erythrozyten-Universalspender:</u> Erythrozyten der Blutgruppe Null (ohne Antigene) können anderen Blutgruppen transfundiert werden.
> <u>Serum-Universalempfänger:</u> Serum der Blutgruppe AB (ohne Antikörper) kann allen anderen Blutgruppen transfundiert werden.

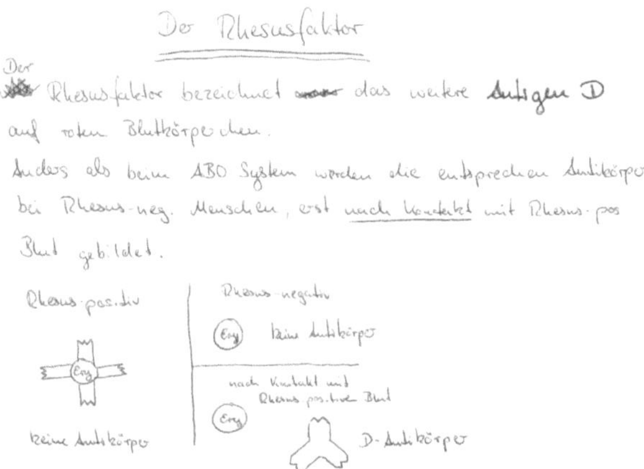

Anhang 4.3

<u>ARBEITSAUFTRAG</u>

1. Lies den Text durch!
2. Finde die Gemeinsamkeiten und Unterschiede zwischen dem ABO-System und dem Rhesus-System?
3. Überlege Dir, was genau bei der Geburt eines zweiten Kindes passiert und vervollständige den Text fachbiologisch mit entsprechenden Begründungen!

Etwa 85 % der mitteleuropäischen Bevölkerung besitzen auf der Oberfläche ihrer roten Blutkörperchen ein weiteres Antigen, den so genannten Rhesusfaktor. Oft wird das Antigen auch als Antigen D bezeichnet. Ist dieses zusätzliche Antigen D vorhanden, benennt man das Blut als rhesus-positiv. Die 15 % der Bevölkerung, denen es fehlt, sind demnach rhesus-negativ.

Interessant ist, dass die Menschen nicht von Geburt an entsprechende Antikörper besitzen. Rhesus-positive Menschen können grundsätzlich keine D-Antikörper bilden. Hingegen können dies aber rhesus-negative Menschen im späteren Erwachsenenalter bei Kontakt mit rhesus-positivem Blut. Das kann fatale Folgen haben, so wie folgt beschrieben wird:

Die Antigene der roten Blutkörperchen (A, B, AB, O und D bzw. Rhesusfaktor) werden vererbt. Zeugt ein rhesus-positiver Mann mit einer rhesus-negativen Mutter ein Kind, so ist das Kind wie der Vater rhesus-positiv. Es kann also eine rhesus-negative Mutter ein rhesuspositives Kind bekommen. Spätestens bei der Geburt kommt es zum Blut-Kontakt zwischen Mutter und Kind. Diese erste Geburt verläuft ohne Probleme. Die rhesus-negative Mutter entwickelt jedoch ab jetzt Anti-D-Antikörper.

Kommt es nun dazu, dass die Mutter ein zweites Kind von einem rhesus- positiven Vater bekommt, dann…?

Kommt es zum Kontakt von D-Antikörpern mit dem rhesus-positivem Blut des Fötus kommt es zur Verklumpung und schließlich zum Tod.

Anhang 4.4

<u>Probleme bei Schwangerschaften:</u>
Während einer Schwangerschaft wird der Blutkreislauf der Mutter durch die Plazentaschranke von dem des Fötus getrennt.
Bei der „gefährlichen" Rhesuskonstellation können jedoch D-Antikörper der Mutter in den Kreislauf des Fötus eintreten und dessen Blut verklumpen.